## Paul Lafargue

15 Ocak 1842'de Küba'nın Santiago kentinde doğdu. Ailesiyle birlikte göç ettiği Fransa'da Tıp Akademisi'nde okudu. Siyasi gençlik hareketlerine katıldı, Proudhon'dan etkilendi, Karl Marx'la tanıştı, kızı Laura'yla evlendi, siyasi sebeplerle okuldan atılınca Londra'da eğitimini tamamladı. Fransa'ya dönüp Fransız Sosyalist Partisi'nin kurucuları arasında yer aldı. 25 Kasım 1911'de karısıyla birlikte intiharı seçti. Yapıtları arasında *Les Cours d'économie sociale* (1884), *Le Communisme et l'Évolution économique* (1892) ve *Le Socialisme et la Conquête des pouvoirs publics* (1899) yer almaktadır.

## Mine Karataş

1989 yılında İstanbul'da doğdu. Saint Benoît Fransız Lisesi'ni bitirdikten sonra Fransa'ya yerleşti. Nice Üniversitesi ve Oslo Üniversitesi'nde Uygulamalı Yabancı Diller bölümünü bitirdi. Sorbonne Üniversitesi'nde Filoloji yüksek lisansı yaptı. 2010'dan bu yana Fransa'da bağımsız olarak Fransızca, Türkçe ve İngilizceden sözlü ve yazılı çeviriler yapmaya devam ediyor.

KIRMIZIKEDI

Kırmızı Kedi Yayınevi: 1138
Klasikler: 51

Özgün adı: *Le Droit à la Paresse*

*Tembellik Hakkı*
Paul Lafargue
Çeviren: Mine Karataş



Yayın Yönetmeni: Enis Batur

Editör: Volkan Atmaca
Kapak Tasarımı: Cüneyt Çomoğlu
Sayfa Tasarımı: Taylan Polat



Birinci Basım: Temmuz 2019, İstanbul (Yeni çeviri)
ISBN: 978-605-298-529-8
Kırmızı Kedi Sertifika No: 40620

Baskı: Pasifik Ofset
Cihangir Mah. Güvercin Cad. No: 3/1 Baha İş Merkezi A Blok Kat: 2
34310 Haramidere/İSTANBUL
Tel: 0212 412 17 77 Sertifika No: 44451

**Kırmızı Kedi Yayınevi**
kirmizikedi@kirmizikedi.com / www.kirmizikedi.com
facebook.com: kirmizikediyayinevi / twitter.com: krmzkedikitap
instagram: kirmizikediyayinevi
Ömer Avni Mah. Emektar Sok. No: 18 Gümüşsuyu 34427 İSTANBUL
T: 0212 244 89 82 F: 0212 244 09 48

Paul Lafargue

# Tembellik Hakkı

Çeviren: Mine Karataş

KIRMIZIKEDİ

# Önsöz

Mösyö Thiers 1849 yılında toplanan İlköğretim Komisyonu'nda şöyle diyordu: "Ruhban sınıfının etkisini her şeye kadir kılmak istiyorum, çünkü insana bilakis 'Zevk al' diyen öteki felsefeyi değil, insana bu dünyaya acı çekmeye geldiğini öğreten o güzelim felsefeyi yayacaklarına güveniyorum." Aslında Mösyö Thiers, azgın bencilliğini ve kıt zekâsını temsil ettiği burjuva sınıfının ahlakını kelimelere döküyordu.

Burjuvazi, ruhban sınıfının desteklediği soyluluğa karşı savaşırken özgür düşünceyi ve tanrıtanımazlığı övüyordu, ancak savaştan zaferle çıkınca ağız ve tavır değiştirdi; bugünse iktisadi ve siyasi üstünlüğünü dine dayandırmaya çabalıyor. 15. ve 16. yüzyıllarda burjuvazi pagan geleneğini memnuniyetle kabul ediyor, Hıristiyanlığın lanetlediği teni ve tutkularını yüceltiyordu; şimdilerde ise mala mülke ve zevke doyunca, kendi düşünürleri Rabelais ile Diderot'nun öğretilerini inkâr ediyor ve ücretlilere perhiz vazediyor. Hıristiyan ahlakının içler acısı bir parodisi olan kapitalist ahlak işçinin tenini aforoz ediyor; üreticinin ihtiyaçlarını en aza indirmeyi, zevk ve tutkularını bastırmayı ve onu hiç durmadan, amansızca çalışmaktan kurtaracak bir makine rolüne mahkûm etmeyi kendine şiar ediniyor.

Devrimci sosyalistler burjuva sınıfının filozofları ve yergi yazarlarının verdikleri mücadeleyi yeniden başlatmalı; kapitalizmin ahlakına ve toplum teorilerine karşı saldırıya geçmeli; eyleme çağrılan sınıfın kafasına egemen sınıfın sokmuş olduğu önyargıları yıkmalı; her ahlaktan yalancı sofular karşısında, yeryüzünün işçinin gözyaşı vadisi olmaktan çıkacağını, "mümkünse barışçıl yollarla, değilse şiddete başvurarak" kuracağımız geleceğin komünist toplumunda, insani tutkulara gem vurulmayacağını ilan etmelidirler – çünkü "bu tutkular doğası gereği iyidir, onların kötüye kullanılmasından ve aşırılıklarından çekinmemize lüzum yoktur"[1], bu tür durumların önüne ancak tutkuların birbirini karşılıklı dengelemesi ve insan organizmasının ahenkli gelişimi sayesinde geçilebilir, zira Dr. Beddoe'nin dediği gibi, "bir ırk ancak fiziki gelişiminin en üst seviyesine ulaştığında, enerji ve ahlaki gücünün en yüksek noktasına ulaşır." Büyük doğabilimci Charles Darwin de aynı görüşteydi[2].

İlave bazı notlarla birlikte yeniden yayımladığım "Çalışma Hakkının Reddiyesi", haftalık yayın organı *L'Égalité*'nin 1880 tarihli ikinci dizisinde çıktı.

P. L.

Sainte-Pélagie Hapishanesi, 1883.

# 1. Yıkıcı Bir Dogma

*Bırakın her şeyde tembel olalım,*
*sevmek ve içki içmek dışında,*
*tembel olmak dışında.*

Lessing

Kapitalist uygarlığın hüküm sürdüğü ulusların işçi sınıflarına tuhaf bir delilik musallat olmuş. Bu delilik, zavallı insanlığa yüzyıllardır işkence eden bireysel ve toplumsal sefaletleri de beraberinde getiriyor. Bu delilik çalışma aşkıdır; bireyin ve soyunun yaşam enerjilerini tüketinceye dek sürdürülen, ölmeye yüz tutmuş çalışma tutkusudur. Rahipler, iktisatçılar ve ahlakçılar bu zihinsel sapkınlığa karşı gelmektense emeği kutsallaştırdılar. Bu kör ve sığ insanlar tanrılarından daha bilge olmayı istediler; bu zayıf ve bayağı insanlar tanrılarının lanetlediğini ıslah etmek istediler. Ne Hıristiyanlık ne tutumluluk ne ahlaklılık taslayan bense, onların yargılarındansa tanrılarının yargılarını; dine, iktisada ve fikir özgürlüğüne dair vaazlarındansa kapitalist toplumda çalışmanın korkunç sonuçlarını dikkate alıyorum.

Kapitalist toplumda, çalışma her türlü düşünsel yozlaşmanın, her türlü organik deformasyonun nedenidir. İki elli uşak takımının hizmet ettiği Rothschild'in ahırlarındaki safkanları, Normandiya çiftliklerinde toprak süren, gübre taşıyan, hasadı ambara yığan hantal hayvanlarla karşılaştırın. Bir, ticaret misyonerleri ve din tacirlerinin henüz Hıristiyanlıkla, frengiyle ve çalışma dogmasıyla yozlaştırmadığı soylu yabana bakın, bir de makinelerin kölesi haline gelmiş bizim şu sefillere[1].

Bizim uygar Avrupa'mızda insanın doğuştan gelen güzelliğine dair bir iz bulmak istiyorsak, iktisadi önyargıların çalışmaktan duyulan nefreti henüz kökünden söküp atmadığı milletlere gidip bakmalıyız. Yozlaşan İspanya –yazık!– bizdeki hapishaneler ile kışlalardan daha az sayıda fabrikaya sahip olmakla övünedursun hâlâ; ancak sanatçı, çelik bir çubuk gibi dik ve esnek, kestane karası, gözü pek Endülüslü'ye hayran hayran bakmaktan zevk alıyor; yırtık pırtık *capa*sını* gösterişli bir şekilde üzerine örtünen dilencinin Osuna'nın düklerine *amigo*** muamelesi yaptığını işitince insanın kalbi ürperir. İçindeki ilkel hayvan henüz körelmemiş olan İspanyol'a göre, çalışmak köleliklerin en kötüsü[2]. Yunanlılar da, o şanlı dönemlerinde, çalışmayı hor görürlerdi, bir tek kölelerin çalışmasına müsaade edilirdi: Özgür insan yalnızca beden talimleri ile zekâ oyunlarını bilirdi. Bu aynı zamanda Aristoteles, Fidias ve Aristofanes gibi isimlerin olduğu bir halkın içinde yürünüp nefes alındığı bir dönemdi; bir avuç cengâverin, kısa süre sonra İskender'in fethedeceği Asya'nın ordularını Marathon'da ezip geçtiği zamanlardı. Antikçağ filozofları emeği küçümsemeyi öğretiyorlardı, çalışmak demek özgür insanın itibarsızlaşması demekti; şairler tanrıların armağanı olan tembelliğe övgüler düzüyordu:

*O Melibœ, Deus nobis hœc otia fecit*[3].

İsa dağdaki vaazında tembelliği öğütlemiştir: "Kır zambaklarının nasıl büyüdüğüne bakın! Ne çalışırlar, ne de iplik eğirirler. Ama size şunu söyleyeyim, bütün görkemine karşın Süleyman bile bunlardan biri gibi giyinmiş değildi."[4]

---

* İsp. Palto. (ç.n.)
** İsp. Arkadaş, yoldaş. (ç.n.)

Sakallı ve hırçın tanrı Yehova, tapınanlarına ideal tembelliğin en yüce örneğini göstermiş, altı gün çalıştıktan sonra sonsuza dek istirahat etmiştir.

Peki ya çalışmanın organik bir zorunluluk olduğu ırklar hangileridir? Auvergneliler; Britanya Adaları'nın Auvergnelileri olan İskoçlar; İspanya'nın Auvergnelileri olan Galiçyalılar; Almanya'nın Auvergnelileri olan Pomeranyalılar; Asya'nın Auvergnelileri olan Çinliler. Bizim toplumda, çalışmak uğruna çalışmayı seven sınıflar hangileridir? Mülk sahibi köylülerle küçük burjuvalar; köylüler tarlalarında iki büklüm çalışır, küçük burjuvalar ise dükkânlarında çakılı dururken, yeraltındaki dehlizinde yaşayan köstebek misali debelenir ve doğaya şöyle ağız tadıyla bakmak için asla yerlerinden kalkmazlar.

Gelgelelim, uygar milletlerin tüm üreticilerini kucaklayan büyük sınıf, kendi özgürleşirken insanlığı da kölece çalışmaktan kurtaracak, insan denen hayvanı özgür bir varlık yapacak olan sınıf, proletarya, içgüdülerine ihanet etmiş, tarihsel misyonunu görmezden gelerek, çalışma dogmasının kendisini yoldan çıkarmasına göz yummuştur. Bunun cezasını da acı ve korkunç bir şekilde çekmiştir. Bireysel ve toplumsal tüm sefaletler proletaryanın çalışma tutkusundan doğar.

## 2. Çalışmanın Kutsallaştırılması

1770'te Londra'da *An Essay on Trade and Commerce* [Alım Satım ve Ticaret Üzerine Bir Yazı] adlı imzasız bir yazı yayımlandı. Yazı o dönemde çok ses getirdi. Büyük bir insansever olan yazar, "İngiltere'deki fabrikalarda çalışan her plebin kafasında, plebi oluşturan her bireyin, İngiliz olduğu için, Avrupa'nın başka herhangi bir ülkesindeki işçilerden daha özgür ve de daha bağımsız olma ayrıcalığına doğuştan hakkı olduğu gibi bir fikrin yer etmiş" olmasına veryansın ediyordu. "Bu fikir, cesaretlerini kamçıladığı askerlerin işine yarayabilir, ama fabrika işçilerinin kafasına ne kadar az aşılanırsa, hem kendileri hem de devlet için o kadar iyi olacaktır. İşçiler kendilerini hiçbir zaman üstlerinden bağımsız olarak görmemelidir. Belki de nüfusun sekizde yedisinin çok az mülk sahibi olduğu ya da hiç olmadığı bizimki gibi ticari bir devlette, insanların bu tür heveslere kapılması oldukça tehlikelidir. Fakir sanayi işçilerimiz, bugün dört günde kazandıkları paranın aynısını altı günde kazanmaya razı olmadıkları müddetçe tedavi eksik kalacaktır."

Böylelikle, Guizot'dan yaklaşık bir asır önce Londra'da, insanın soylu tutkularına gem vurduğu için, çalışma açıkça telkin ediliyordu.

5 Mayıs 1807 tarihinde Osterode'da, "Halklarım ne kadar çok çalışırsa günahları da o kadar az olur," diye yazmıştı Napoléon. "Otorite benim [...] ve pazar günleri ayinin ardından dükkânların açılmasını ve işçilerin işlerine dönmesini emretmek niyetindeyim."

*Essay on Trade*'in yazarı, tembelliğin kökünü kazımak ve yarattığı gurur ve bağımsızlık duygularını dize getirmek amacıyla fakirleri ideal çalışma evlerine (*ideal workhouses**) kapatmayı öneriyordu. Bu evler "günde on dört saat çalıştırılacak birer terör evi" haline gelecekti. "Öyle ki yemek vakitleri çıkarıldığında geriye çalışmak için dolu dolu tam on iki saat kalacaktı."

Günde on iki saat çalışmak, işte size 18. yüzyılın insanseverlerinin ve ahlakçılarının ideali. Bu *nec plus ultra*'yı** ne çok aştık! Modern atölyeler emekçi kit-

* Eli ayağı tutan yoksullar ile adi suçluların zorla çalıştırılmak üzere kaldıkları evler. (ed.n.)

** Lat. Daha ötesi yok. (ç.n.)

lelerin kapatıldığı, sadece erkeklerin değil, kadınlar ile çocukların da on iki, on dört saat zorunlu çalışmaya mahkûm edildikleri ıslahevlerine dönüştüler![1] Demek ki Terör Dönemi kahramanlarının evlatları, 1848'den sonra, fabrikalardaki mesaiyi on iki saatle sınırlandıran kanunu devrimci bir fetih gibi kabul edecek kadar, çalışma dininin kendilerini alçaltmasına izin vermişler. *Çalışma hakkını* devrimci bir ilke ilan ettiler. Yazıklar olsun Fransız proletaryasına! Ancak köleler böyle alçalabilirdi. Böyle bir alçaklığa akıl erdirebilmesi için, kahramanlık çağındaki bir Yunanlıya yirmi yıllık bir kapitalist uygarlık gerekliydi.

Şayet proletaryanın üzerine Kitabı Mukaddes'te geçen çekirgelerden daha çok sayıda zorunlu çalışma acısı, açlık işkencesi hücum etmişse, bunun müsebbibi proletaryanın kendisidir.

Haziran 1848'de emekçiler, ellerinde silahlarla, bu çalışmayı kendi ailelerine dayattılar; karılarını ve çocuklarını sanayi baronlarının eline teslim ettiler. Yuvalarını kendi elleriyle yıktılar; karılarını kendi elleriyle sütten kestiler (karnı burnunda ya da bebek emziren bahtsız kadınlar madenlere ve fabrikalara giderek bellerini bükmek, nefeslerini tüketmek zorunda kaldılar); evlatlarının yaşamını ve yaşama gücünü kendi elleriyle yok ettiler. Yazıklar olsun proletarya! Nerede o masallarımızın, eski hikâyelerimizin bahsettiği, sözünü sakınmayan, dobra, şarap küpüne düşkün kadınlar? Nerede o sürekli taban tepen, sürekli yemek pişiren, sürekli şarkı söyleyen, hiç yüksünmeden güçlü sağlıklı çocuklar doğurarak sürekli hayat tohumları ekip neşe saçan o şen şakrak kadınlar?.. Bugün fabrikalarda kızlarımız ve kadınlarımız soluk renkli cılız birer çiçeğe dönmüşler, kansız cansız, mideleri bozuk, kollarında bacaklarında derman kalmamış!.. Güçlü hazzı hiç tatmamışlar ki kabuklarını nasıl kırdıklarını güle eğlene anlatsınlar! Peki ya çocuklar? Çocuklara on iki saat mesai! Sefalete bak! Ama Siyasi ve Ahlaki Bilimler Akademisi'nin tüm Jules Simon'ları, Cizvitlerin tüm Germinys'leri bir araya gelse, çocukları kapitalist işliğin bayat havası içinde çalışmaktan daha fazla aptallaştıracak, içgüdülerini bozacak, organizmalarını yıkacak bir kötülüğü icat edemezdi.

Çağımızın çalışma yüzyılı olduğu söyleniyor; aslında acı, sefalet ve çürüme çağındayız.

Bununla birlikte, ciddi kafa karışıklığı yaşayan Auguste Comte'dan anlaşılırlığı gülünçlüğe vardıran Leroy-Beaulieu'ye bütün burjuva filozoflar, iktisatçılar; şarlatanlık raddesinde romantik Victor Hugo'dan bönce grotesk Paul de Knock'a bütün burjuva edipler, hepsi de Çalışmanın büyük oğlu İlerleme tanrısının onuruna iğrenç şarkılar söylediler. Onları duyan da sanır ki mutluluk yeryüzüne egemen: mutluluğun eli kulağında. Bu insanlar şimdiki zamanın hazlarını karanlığa gömmek için geçmiş yüzyılların tozunu kaldırıp feodal sefaletleri didik didik ettiler. Düne kadar büyük efendilerin hizmetçiliğini yaparken bugün yağlı müşteri burjuvanın kalem uşakları olan bu karnı tok sırtı pek kişiler bizi yordu mu? Hatip La Bruyère'in köylüsüyle mi yordular bizi? Madem öyle, alın size kapitalizmin ilerleyişe geçtiği 1840 yılında, içlerinden birinin, Enstitü üyesi Dr. Villermé'nin resmettiği proleter zevklerin parlak tablosu. Bu Villermé 1848'de burjuva iktisadı ve ahlakının safsatalarını kitlelere yayan âlimler topluluğunun (aralarında Thiers, Cousin, Passy ve Akademi üyesi Blanqui de vardı) bir parçasıydı.

Dr. Villermé fabrikatörlerin Alsace'ından, insanseverlik ve sanayi cumhuriyetçiliğinin çiçekleri olan Kestner'lerin, Dollfus'lerin Alsace'ından bahsediyor. Fakat doktor, proleterlerin sefalet tablosunu önümüze sermeden önce, gelin eski sanayi işçisinin durumunu Dollfus, Mieg et C$^{ie}$ fabrikasının sahiplerinden Alsace'lı Mösyö Th. Mieg'den dinleyelim:

"Mulhouse'da, elli yıl önce (modern mekanik sanayinin doğduğu 1813 yılında) işçilerin hepsi toprağın çocuklarıydı, kentte ve civar köylerde yaşarlardı, hemen hepsinin bir evi ve genellikle ufak bir arazisi vardı."[2]

Emekçinin altın çağıydı. Ancak o zamanlar Alsace sanayisi dünyayı pamuklularıyla doldurmamıştı; Dollfus'lerini ve Kœchlin'lerini milyonlara boğmuyordu. Fakat yirmi beş yıl sonra, Villermé Alsace'ı ziyaret ettiğinde, çağımızın Minotor'u olan kapitalist atölye ülkeyi fethetmişti; insan emeğine duyduğu doyumsuz iştahla, işçilerin bir güzel canına okumak ve içlerinde barındırdıkları işgücünü daha iyi açığa çıkarabilmek için onları yuvalarından koparmıştı. Binlerce emekçi, makinenin ıslığına koşturuyordu.

"Büyük bir kısmı," diyor Villermé, "on yedi bin kişiden beş bini, ev kiralarının yüksekliği yüzünden komşu köylere yerleşmek zorunda kaldı. Bazıları da çalıştıkları imalathaneden üç veya dört mil uzakta oturuyordu.

"Mulhouse'un Dornach semtinde, iş yaz kış demeden sabah saat beşte başlar, akşam beşte biterdi. [...] [İşçilerin] her sabah nasıl şehre geldiklerini ve her akşam nasıl geri döndüklerini görmek gerekir. Aralarında çok sayıda solgun benizli, sıska kadın var, çamurda yalınayak yürüyorlar; yağmur ya da kar yağdığında, şemsiyeleri olmadığından, yüzlerini ve boyunlarını korumak için önlüklerini ya da üst eteklerini başlarına geçiriyorlar. Küçük çocukların sayısı çok daha fazla, onlar da en az diğerleri kadar kirli, bitkin, üstleri yırtık pırtık, çalıştıkları esnada baştan aşağı makine yağına bulanmış... Giysileri su geçirmediği için çocuklar yağmurdan daha iyi korunuyorlar; fakat kadınların aksine kollarında azıklarını koydukları bir sepetleri bile yok. Eve dönünceye dek karınlarını tok tutacak ekmek parçasını ellerinde tutuyor ya da mümkün mertebe ceketlerinin altında saklıyorlar.

"Böylece, en az on beş saat sürdüğünden ölçüsüz uzunluktaki bir günün yorgunluğuna, bu zavallılar için bir de bu sık ve meşakkatli gidiş dönüşlerin yorgunluğu ekleniyor. Bu yüzden akşamları uyku ihtiyacıyla bitkin bir halde evlerine dönüyor ve ertesi gün de açılış saatinde atölyede olabilmek için tam anlamıyla dinlenmeden evden çıkıyorlar."

Gelelim şehirde oturanların doluştuğu viran konutlara:

"Mulhouse, Dornach'ta ve komşu evlerde, iki ailenin ayrı köşelerde, yere atılıp iki tahta parçasıyla tutturulmuş samanların üzerinde yattığı sefil konutları gördüm... Yukarı Ren bölgesinde pamuk sanayisi işçilerinin içinde yaşadığı bu sefalet öyle derindir ki şu üzücü sonucu doğurur: Fabrikacıların, tüccarların, kumaşçıların, fabrika müdürlerinin ailelerinde çocukların yarısı yirmi bir yaşına ulaşırken, dokumacıların ve pamuk iplikçilerinin ailelerinde aynı oranda çocuk iki yıl erken hayata veda ediyor."

Konu atölyedeki çalışmaya gelince Villermé şunları ekliyor:

"Bu ne çalışma ne görev, düpedüz işkencedir. Bu işkence altı ila sekiz yaş arasındaki çocuklara uygulanıyor. [...] Pamuk ipliği fabrikasında çalışan işçileri esas eritip bitiren de gün be gün devam eden bu işkencedir."

Çalışma süresine gelince, Villermé kürek mahkûmlarının sadece on saat, Antil Adaları'ndaki kölelerinse ortalama dokuz saat çalıştığını, buna karşılık 89 Devrimi'ni yapan, muhteşem İnsan Hakları'nı ilan eden Fransa'da ise, on altı saati bulan günlük mesaide işçilere sadece bir buçuk saat yemek molası hakkı tanınan fabrikaların bulunduğunu gözlüyordu[3].

Ey burjuvazinin devrimci ilkelerinin sefil başarısızlığı! Ey burjuvazinin tanrısı İlerleme'nin iç karartıcı armağanı! İnsanseverler, oturdukları yerde zengin olmak için yoksullara iş verenlere insanlığın velinimeti olarak bakıp alkış tutuyorlar; kırsal bir nüfusun orta yerine fabrika dikmektense veba tohumu ekmek, su kaynaklarını zehirlemek evladır. Fabrikada çalışmaya başlayın, neşeye, sağlığa, özgürlüğe veda edin; yaşamı güzel ve yaşanmaya değer kılan her şeye elveda deyin[4].

İktisatçılar işçilere aynı şeyi tekrar edip duruyorlar: "Toplumsal serveti artırmak için çalışın!" Gelgelelim iktisatçı Destut de Tracy onlara şu cevabı veriyor:

"Yoksul uluslarda halkın rahatı yerindedir, zengin uluslarda ise genelde yoksulluk içindedir."

Öğrencisi Cherbuliez de devam ediyor:

"Emekçiler, üretim sermayelerinin birikimi uğruna hep birlikte çalışarak, onları er ya da geç ücretlerinin bir kısmından mahrum edecek olaya bizzat kendileri katkıda bulunuyorlar."

Kendi bağrışmaları yüzünden sağırlaşıp aptallaşan iktisatçılarsa şu yanıtı veriyorlar: Çalışın, kendi refahınızı yaratmak için daima çalışın! Anglikan Kilisesi'nden bir rahip, Muhterem Peder Townshend, Hıristiyan hoşgörüsü adına tekdüze bir sesle şöyle diyor: Çalışın, gece gündüz çalışın! Çalışarak kendi sefaletinizi artırıyorsunuz; sizin sefaletiniz bizi çalışmayı yasa zoruyla size dayatmaktan kurtarıyor. Çalışmanın yasa zoruyla dayatılması "çok fazla sorun yaratır, pek çok zecri tedbir gerektirir ve bir o kadar da gürültü çıkarır. Açlık ise, tam tersine, yalnızca sakin, sessiz, kesintisiz bir baskı yaratmakla kalmaz, aynı zamanda çalışma ve sanayinin en doğal sebebi olarak, en güçlü çabaları sarf etmeye teşvik eder."

Çalışın, çalışın, proleterler, toplumsal serveti ve kendi bireysel sefaletinizi artırmak için çalışın; çalışın ki daha da yoksullaşın, çalışıp sefil olmak için daha fazla gerekçeniz olsun. Budur kapitalist üretimin acımasız kanunu.

İktisatçıların palavralarına kulak kabartan proleterler kendilerini ruhen ve bedenen çalışma illetine teslim ettiklerinden, toplumsal organizmayı sarsan aşırı üretim krizlerine bütün toplumu sürüklüyorlar. Bu durumda, mal bol ama alıcı kıt olduğundan atölyeler kapanıyor ve açlık işçi nüfuslarını bin püsküllü kırbacıyla dövüyor. Çalışma dogmasıyla sersemleşen proleterler sözümona refah döneminde maruz kaldıkları aşırı çalışma külfetinin, şu anki sefaletlerinin nedeni olduğunu anlamıyorlar. Buğday ambarlarına koşup da haykırmıyorlar: "Açız, yemek istiyoruz!.. Doğru, meteliksiziz, ancak baldırı çıplak da olsak buğdayı biçen de, bağlardan üzüm toplayan da bizleriz..." Sanayi manastırlarının mucidi Mösyö Bonnet'nin Jujurieux'deki dükkânlarını basıp bağırmıyorlar: "Mösyö Bonnet, sarıcısıyla, bükücüsüyle, eğiricisiyle, dokumacısıyla işte size kadın işçileriniz; bir Yahudi'nin gözünü yaşartacak kadar yamalı pamuk elbiseleri içinde bedenleri soğuktan titriyor. Oysa tüm Hıristiyanlık âlemindeki kokonaların ipek elbiselerini onlar eğirip dokudu.

Günde on üç saat çalışan zavallı kadınların süslenmeyi düşünecek vakitleri yoktu. Şimdi işsizler ve el emeği göz nuru ipekli kumaşlarıyla caka satabilirler. Sütdişlerini döktüklerinden beri kendilerini sizin servetinize adadılar ve perhiz yaparak yaşadılar; şimdi boş vakitleri var ve emeklerinin semeresinden biraz da kendileri yararlanmak istiyor. Haydi, Mösyö Bonnet, bırakın ipeklilerinizi; Mösyö Harmel muslinlerini, Mösyö Pouyer-Quertier patiskalarını, Mösyö Pinet de soğuk ve nemli olan o sevimli küçük ayakları için potinlerini verecek... Tepeden tırnağa kuşanmış, havalı halleriyle onları seyretmek hoşunuza gidecektir. Haydi ama, hık mık etmeyin, siz insanlığın dostusunuz, öyle değil mi, üstelik de Hıristiyansınız? Canları pahasına inşa ettikleri servetinizi kadın işçilerinizin emrine amade edin. Siz ticaretin dostu musunuz? Mal dolaşımını kolaylaştırın o halde, alın size tüketiciler, hepsi hazır, onlara sınırsız krediler verin. Bunu daha önce hiç karşılaşmadığınız, size hiçbir şey, bir bardak su dahi vermemiş olan tüccarlar için de yapmak zorundasınız. Kadın işçileriniz borçlarını ellerinden geldiğince ödeyecektir. Vade günü geldiğinde, Gambetta gibi yapar ve senetlerini protestoya bırakırlarsa ve el koyacak hiçbir şeyleri de yoksa, borçlarını dualarla kapatmalarını şart koşarsınız. Bu kadınlar sizi cennete gönderme konusunda tütün kokan kara cüppeli papazlardan daha etkili olurlar."

Açlıktan ölmek üzere olan işçiler, kriz anlarından yararlanarak, ürünlerin herkese dağıtılmasını ve herkesin gönlünce eğlenmesini talep etmek yerine, atölye kapılarına dayanıp kafalarıyla dövüyorlar. Solgun yüzleri, zayıf düşen bedenleri ve acınası sözleriyle fabrikatörlere saldırıyorlar: "İyi kalpli Mösyö Chagot, yumuşak huylu Mösyö Schneider, bize iş verin, cefamız açlıktan değil, çalışma tutkusundandır!" Ve ayakta durmakta zorlanan bu zavallılar on iki, on dört saatlik emeğin bedelini, elleri ekmek tutarken aldıklarının iki kat daha aşağısına satıyorlar. Sanayinin insanseverleri ise işsizlikten istifade edip üretimi ucuza getiriyor.

Sanayi krizleri, aşırı çalışma dönemlerini, gecenin gündüzü takip ettiği gibi kaçınılmaz bir biçimde takip ediyor, zorunlu işsizliği ve çaresiz sefaleti beraberinde getiriyorsa, acımasız iflasları da getiriyordur. Fabrikatör kredi bulduğu sürece çalışma azminin dizginlerini koyverir ve işçilere hammadde sağlamak için daha da borçlanır. Piyasa tıkandığı vakit mallarını satamadığı takdirde vadesi gelen senetlerini nasıl ödeyeceğini düşünmeden üretir. Dara düşünce de gider Yahudi'ye yalvarır, ayaklarına kapanır, kanını, şerefini ona sunar. "Birazcık altın işini görür," diye yanıtlar Rothschild. "Dükkânınızda yirmi bin çift çorap var, tanesi yirmi kuruş ediyor, ben dört kuruşa alırım." Yahudi, çorapları alınca tanesini altı ya da sekiz kuruşa satar ve kimseye borçlu kalmadan yüz kuruşluk çil paraları cebe indirir: Ne ki fabrikatör daha ileriye sıçrayabilmek için geri çekilmiştir. Sonunda iflas kapıya dayanır ve dükkânlar boşalır; böylece o kadar çok ürün dışarı atılır ki bunların kapıdan içeri nasıl girdiği meçhuldür. İmha edilen ürünlerin değeri yüzbinleri bulur; geçtiğimiz yüzyılda bu ürünler ya yakılırdı ya da suya atılırdı[5].

Ancak iş bu noktaya varmadan önce, fabrikatörler yığılan ürünlere pazar aramak üzere dünyayı dolaşırlar; pamuklularını pazarlarında satabilmek için hükümetlerini Kongo'yu topraklarına katmaya, Tonkinleri ele geçirmeye ve Çin Seddi'ni de topa tutmaya zorlarlar. Geçtiğimiz yüzyıllarda, Amerika ve Hindistan'da özel satış imtiyazının kime ait olacağı konusunda Fransa ile İngiltere arasında ölümüne bir düello yaşanmıştı. 11., 16. ve 18. yüzyıllarda yaşanan sömürge savaşları sırasında genç ve zinde binlerce insan, denizleri kanlarıyla kızıla boyadılar.

Sermaye de mallar gibi bollaşır. Maliyeciler onları nereye koyacaklarını dahi bilmiyorlar; böylece, güneşin altında sigara tüttürerek tembellik yapan mutlu milletlere gidip demiryolu inşa ediyor, fabrikalar kuruyor, çalışmanın lanetini buralara sokuyorlar. Ve Fransız sermayelerinin bu şekilde ihraç edilmesi sonucunda bir sabah bir de bakmışsınız yeni diplomatik sorunlar ortaya çıkmış (örneğin Mısır'da, ilk önce hangi tefecilere ödeme yapılacağı konusunda Fransa, İngiltere ve Almanya saç saça baş başa kavga noktasına gelmişlerdi), ya da bir bakmışsınız, Fransız askerlerinin ödenmeyen borçları tahsil etmek üzere icra memuru olarak gönderildiği Meksika savaşları patlak vermiş[6].

Bu bireysel ve toplumsal sefaletler, ne kadar büyük ve çok olursa olsun, ne kadar kalıcı görünürse görünsün, proletarya "İstiyorum" dediğinde, tıpkı yaklaşmakta olan bir aslan gören sırtlan ve çakal gibi toz olacaklardır. Fakat kendi gücünün farkına varabilmesi için proletaryanın Hıristiyanlık, iktisat ve özgür düşünce ahlakının önyargılarını ayaklar altına alması gerekir; doğal içgüdülerine dönmesi, burjuva devriminin metafizikçi avukatlarının özenle hazırladığı veremli *İnsan Hakları*'ndan binlerce kat daha yüce ve kutsal olan *Tembellik Hakları*'nı ilan etmesi, kendini günde yalnızca üç saat çalışmaya, aylaklık etmeye, gündüzleri ve geceleri kalan vakitlerini hovardalık etmeye ayırması gerekir.

Buraya kadar işim kolaydı; tek yaptığım, ne yazık ki hepimizin gayet iyi bildiği gerçek kötülükleri betimlemekti! Gelgelelim proletaryayı kendisine aşılanan sözlerin sapkın olduğuna, yüzyılın başından beri kendini kaptırdığı dizginsiz çalışmanın insanlığın başına gelen en korkunç musibet olduğuna; çalışmanın ancak akıllıca düzenlendiğinde ve günde en fazla üç saatle sınırlı tutulduğunda, hazza ve tembelliğe katılan bir çeşni, insan organizmasına iyi gelen bir egzersiz, toplumsal organizmaya yararlı bir tutku haline geleceğine ikna etmek benim gücümü aşan çetin bir iş. Sadece fizyologlar, hijyenistler, komünist iktisatçılar bu işe kalkışabilir. Müteakip sayfalarda, modern üretim araçlarını ve bu araçların sınırsız yeniden üretim güçlerini göz önüne alarak, işçilerin çalışmak için sergiledikleri ölçüsüz tutkuyu zapt etmemiz ve işçileri ürettikleri malları tüketmeye mecbur etmemiz gerekir.

# 3. Aşırı Üretimin Getirdikleri

Cicero zamanında yaşamış Yunan şairi Antipatros (tahıl öğütecek) su değirmeninin icadına övgüler düzüyordu: Su değirmeni köle kadınları özgür kılacak ve altın çağı geri getirecekti.

"Ey değirmenciler, değirmentaşını döndüren kolu saklayın ve huzur içinde uyuyun! Bırakın horoz sabah olduğunu boş yere haber versin dursun! Dao kölelerin emeğini su perilerine dayattı; şimdi nasıl da keyifle çarkların üzerinden sekiyorlar; sarsılan dingil, tekerlerle birlikte yuvarlanırken, dönen ağır taşı nasıl da çeviriyor. Gelin babalarımızın yaşadığı hayatı yaşayalım ve tanrıçanın bize bahşettiği aylak hayatla mutlu olalım."

Ne yazık! Pagan şairin müjdelediği boş zamanlar henüz gelmedi. Kör, sapkın ve ölüm saçan çalışma tutkusu, özgürleştirici makineyi, hür insanları köleleştiren bir araca dönüştürüyor: Üretkenlikleri onları yoksullaştırıyor.

İyi bir kadın işçi iğle dakikada sadece beş ilmek atarken, bazı yuvarlak örme makineleri aynı sürede otuz bin ilmek atar. Bu durumda makinenin her dakikası işçi kadının yüz saatlik emeğine denktir, yani makinenin çalıştığı her dakika işçiye on gün dinlenme imkânı verir. Dokuma sanayi için geçerli olan bu durum, modern makinelerle yenilenen bütün sanayiler için de az çok geçerlidir. Ama ne görüyoruz? Makineler gelişip de insanın çalışmasını hiç durmadan artan bir hız ve dakiklikle bastırdıkça, işçi dinlenme süresini aynı oranda uzatacağı yerde, sanki makineyle rekabet etmek istiyormuşçasına, iki kat daha fazla gayretle çalışıyor. Ey saçma ve ölüm saçan rekabet!

İnsan ve makine arasındaki çekişmenin kendi akışına bırakılması için, proleterler antikçağ loncalarındaki zanaatkârların çalışmasına sınırlama getiren bilge yasaları lağvettiler; bayram günlerini kaldırdılar[1]. O dönem üreticiler yedi günün yalnızca beş günü çalıştıklarından, yalancı iktisatçıların anlattığı gibi, sadece hava ve suyla yaşadıklarına mı inanıyorlar? Haydi öyle olsun! Onların toprağın verdiği sevinçleri tatmak, sevişip eğlenmek, neşe kaynağı olan Aylaklık Tanrısı'nın şerefine şölenler düzenlemek için boş vakitleri vardı. Kendini Protestanlığa kaptıran kasvetli İngiltere o zamanlar "Şen İngiltere" (*Merry England*) diye anılıyordu. Rabelais, Quevedo, Cervantes, pikaresk romanların bilinmeyen yazarları, iki savaş ve iki yıkım arasında hoşça vakit geçirilen, "her şeyden bolca bulunan" bu görkemli ziyafetlerin[2] resimleriyle ağzımızı sulandırıyorlar. Jordaens ve Flaman Okulu, neşe saçan tablolarında bu ziyafetleri resmettiler. Kocaman yüce mideler, ne oldu size? Bütün insan düşüncesini kuşatan yüce dimağlar, ya size ne oldu? Bizler iyice küçüldük, iyice yozlaştık. Kudurmuş inek eti, patates, kırmızı boya katılmış şarap ve Prusya şnapsı, zorunlu çalışmayla ustaca birleştirildiğinde bünyemizi zayıf düşürdü, zihnimizi daralttı. Peki, insan, midesini o zaman mı ufalttı? Makine, verimliliğini o zaman mı artırdı? İktisatçılar bizlere Malthus teorisini, perhiz dinini, çalışma dogmasını o zaman mı vazetti? Dillerini kopartıp köpeklere ataydık keşke.

İşçi sınıfı, sığ iyi niyetiyle, beyninin yıkanmasına müsaade ettiğinden, doğuştan gelen çevikliğiyle, çalışmaya ve perhize körü körüne atıldığından, kapitalist sınıf kendini tembelliğe, zoraki keyfe, verimsizliğe, aşırı tüketime teslim etti. Ancak emekçinin aşırı çalışması canını acıtıyor, sinirlerini gerim gerim geriyorsa da, burjuvanın cefası da yabana atılır cinsten değildir.

Üretici sınıfın kendini mahkûm ettiği perhiz, burjuvaları, düzensizce imal ettikleri ürünleri aşırı tüketmeye mecbur ediyor. Kapitalist üretimin başlangıcında, yani bundan bir ya da iki yüzyıl önce, burjuva düzgün bir adamdı, makul ve ılımlı âdetleri vardı; karısına kanaat ederdi ya da etmeye çalışırdı; sadece susayınca içer, acıkınca yerdi. Sefil hayatın asil erdemlerini dalkavuklara ve kibar fahişelere bırakırdı. Bugün kendini fuhuşu geliştirmek ve cıva madenlerindeki işçilere dayatılan angaryaya bir amaç kazandırmak için bedenlerini cıvalamak zorunda hissetmeyen tek bir sonradan görme evladı yoktur; La Flèche'deki hayvan yetiştiricilerini ve Bordeaux'daki bağcıları özendirmek amacıyla, içi doldurulmuş besili horozları ve denizyoluyla gelen Lafite şaraplarını tıkınmayan burjuva yoktur. Bu meslekte organizma hızla yıpranır, saçlar dökülür, dişler sökülür, gövdenin şekli bozulur, karın büyür, nefes daralır, hareketler ağırlaşır, eklemler uyuşur, parmak kemikleri yumru olur. Sefahatin yorgunluğuna dayanamayacak kadar çelimsiz olsa da sırtında tumturaklı ağırbaşlılığın [*prudhommisme*] kamburunu taşıyan başkaları ise, iktisadın Garnier'leri gibi, hukuk felsefesinin Acolla'ları gibi, yayıncılarla bestecilerin boş zamanlarını değerlendirmek üzere uydurdukları kalın, sıkıcı kitaplarla beyinlerini uyutuyorlar.

Sosyete kadınları kurban hayatı yaşıyor. Terzi kadınların dikmek için kendilerini paraladıkları canım elbiseleri deneyip caka satmak için sabahtan akşama kadar bir elbiseden ötekine mekik dokuyorlar; sahte topuzlar yapma tutkularını ne pahasına olursa olsun doyurmak isteyen saç sanatçılarına içi boş kafalarını saatlerce emanet ediyorlar. Vücutlarını sıkıca saran korseleri, ayaklarına daracık gelen potinleri ve bir istihkâm erinin yüzünü kızartacak dekolteleriyle, fakir fukara için üç kuruş para toplayabilmek amacıyla hayır balolarında bütün gece fır dönüyorlar. Mübarek insanlar!

Burjuva, üretmeme ve aşırı tüketme üzerine kurulu ikili toplumsal işlevini yerine getirebilmek için, yalnızca mütevazı zevklerini ihlal etmek, iki yüzyıl öncesinden kalma zahmetli alışkanlıklarını bir kenara bırakmak ve kendini dizginsiz lükse, içi dolu midenin yarattığı hazımsızlıklara ve frengili çapkınlıklara bırakmakla kalmadı, aynı zamanda yardım toplamak amacıyla büyük bir insan kitlesini üretken çalışmadan alıkoymak zorunda kaldı.

Alın size üretici güçlerdeki eksilmenin ne kadar büyük olduğunu kanıtlayan birkaç rakam:

"1861'de yapılan nüfus sayımına göre, İngiltere ile Galler ülkesinin nüfusu 20 milyon 66 bin 224 kişiden oluşuyordu, bunun 9 milyon 776 bin 259'u erkek, 10 milyon 289 bin 965'i kadındı. Çalışamayacak denli yaşlı ya da çalışamayacak denli genç olanları, kadınları, üretime katılmayan ergenler ile çocukları, sonra da yönetim, polis, ruhban, yargıç, ordu, âlim, sanatçı vb *ideolojik* meslekleri, sonra toprak kirası, faiz ve kâr payı vb biçimler altında sırf başkalarının emeğini kemirmekle uğraşan insanları, son olarak fakirleri, serserileri, suçluları vs saymazsak, geriye her iki cins ve yaştan aşağı yukarı sekiz milyon kişi kalıyor; bunlara üretim, ticaret, finans vb alanlarda görev yapan kapitalistler de dahil. Bu sekiz milyon da kendi içinde şöyle bölünüyor:

> "Tarım işçileri (çobanlar, çiftçilerin yanında yaşayan uşaklar ile hizmetçiler dahil): 1.098.261;
>
> "Pamuk, yün, *worsted* [kamgarn], keten, kenevir, ipek, dantel fabrikası işçileri ile dokuma tezgâhı işçileri: 642.607;
>
> "Kömür ve maden ocağı işçileri: 565.835;
>
> "Metalürji fabrikalarında (yüksek fırınlar, haddehaneler vs) ve her türden metal işletmesinde çalışan işçiler: 396.998;
>
> "Ev içi hizmet sınıfı: 1.208.648.

"Tekstil fabrikası işçileriyle kömür ve maden ocağı işçilerini toplarsak 1.208.442 eder; birincilerle bütün metal fabrikaları ve işletmelerinde çalışan işçileri toplarsak da 1.309.605 kişi eder; yani elde ettiğimiz sayı her koşulda modern ev kölelerinin sayısından daha azdır. İşte size makinelerin kapitalist sömürüsünün mükemmel sonucu."[3]

Büyüklüğü kapitalist uygarlığın geldiği noktayı gösteren tüm bu ev içi hizmet sınıfına, kendini yalnızca zengin sınıfların pahalı ve saçma isteklerini karşılamaya adamış çok sayıda bahtsızdan oluşan sınıfı da eklemek gerekir: elmas kesiciler, dantelacılar, nakışçılar, lüks ciltçiler, lüks terziler, köşklerin dekoratörleri vb[4].

Mutlak tembellik içinde köşesine sinerek zorlama zevklerle ahlakını bozduktan sonra burjuvazi, bu durumdan zarar görmesine karşın yeni yaşam tarzına alıştı. Her türlü değişikliğe korkuyla bakar oldu. İşçi sınıfının boyun eğerek kabul ettiği sefil yaşam koşullarına ve sapkın çalışma tutkusunun yarattığı organik bozulmaya baktığında gördüğü manzara, her türlü çalışma dayatmasına ve zevklere yönelik her tür kısıtlamaya karşı duyduğu tiksintiyi artırıyordu.

Tam bu dönemde, burjuvazinin sosyal bir görev olarak kendi kendine dayattığı ahlaksızlaşmayı dikkate almayan proleterler, çalışmayı kapitalistlere zorla kabul ettirmeyi kafalarına koydular. Safdil emekçiler iktisatçıların ve ahlakçıların çalışma teorilerini ciddiye aldılar, bunları kapitalistler üzerinde uygulamak için dizginleri sıktılar. Proletarya *Çalışmayan yemeyecek* sözünü slogan yaptı; 1831'de Lyon'da *Ya kurşun ya iş!* diyerek başkaldırdı; 1871 Mart'ında da Federeler ayaklanmalarını *Çalışma Devrimi* adıyla duyurdular.

Burjuvazinin bütün zevkini ve bütün tembelliğini yıkan bu barbar öfke patlamalarına kapitalistler ancak zalimce bastırarak karşılık verebiliyorlardı; ancak biliyorlardı ki, bu devrimci patlamaları bastırabilselerdi bile, aylak ve karnı tok sınıfları çalışmaya zorlamak isteyen proletaryanın bu saçma fikrini dev katliamların kanında boğamazlardı. Onlar da bu beladan kurtulabilmek için etraflarını zahmetli bir verimsizlik içinde beslenen iktidar muhafızları, polisler, yargıçlar ve gardiyanlarla kuşattılar. Modern orduların karakteriyle ilgili yanılsamaları artık daha fazla sürdüremeyiz; bu ordular "iç düşman"ı bastırmak için sürekli hazır tutulmaktadır. Ondandır ki Paris ve Lyon kaleleri, şehri yabancılara karşı korumaktan çok, olası bir ayaklanmayı bastırabilmek için inşa edilmiştir. İnkâr edilemez bir örnek vermek gerekirse, kapitalizmin cennet ülkesi Belçika'nın ordusundan bahsedebiliriz: Belçika'nın tarafsızlığı Avrupa güçleri tarafından güvence altına alınmıştır, ancak yine de nüfusuna oranla en güçlü ordulardan birine sahiptir. Cesur Belçika ordusunun şanlı muharebe alanları Borinage ve Charleroi düzlükleridir; Belçikalı subaylar kılıçlarını silahsız madencilerin ve emekçilerin kanına bulayarak apoletlerini kazandılar. Avrupa uluslarının ulusal orduları yoktur ama paralı askerleri vardır, bunlar kapitalistleri on saat boyunca maden ocağına ya da dokuma tezgâhına mahkûm etmek isteyen halkın gazabından kapitalistleri korur.

Öyleyse, işçi sınıfı, kendini aç bırakarak, aşırı tüketime mahkûm olan burjuvazinin göbeğini haddinden fazla büyütmüştür.

Burjuvazi, işçi sınıfından, yararlı üretime adanmış kitleden çok daha üstün bir insan kitlesini, üzerlerindeki çalışma yükünü hafifletmek amacıyla çekip alarak onları verimsizliğe ve aşırı tüketime mahkûm etti. Ancak bu işe yaramaz ağız sürüsü bile, doymak bilmeyen açgözlülüğüne rağmen, çalışma dogmasının aptala çevirdiği işçilerin, tüketme isteği duymadan, hatta bunları tüketecek insan bulunup bulunmayacağını bile düşünmeden, manyaklar gibi ürettiği metaları tüketmeye yetmez.

Canını dişine takıp çalışan ya da perhiz yapıp sürünen emekçilerin bu çifte deliliği karşısında, kapitalist üretimin temel sorunu artık üretici bulmak ve onların gücünü on katına çıkarmak değil, bunun yerine tüketici bulmak, onların iştahlarını kabartmak ve onlara uydurma ihtiyaçlar yaratmaktır. Soğuktan ve açlıktan titreyen Avrupalı işçiler, dokudukları kumaşları giymeyi ve hasat yaptıkları şarapları içmeyi reddettiklerinden, zavallı imalatçılar, bunları giyecek ve içecek kişileri aramak için tazı gibi koşmak zorundadır: Avrupa her yıl yüzlerce milyon ya da milyar değerindeki malı dünyanın dört bir yanına, bu mallarla ne yapacağını bilmeyen halklara ihraç ediyor[5]. Ancak keşfedilen kıtalar artık yeterince geniş değil, bakir topraklar gerekiyor. Avrupalı fabrikatörler gece gündüz Afrika'nın, Sahra çölünde bir gölün, Sudan'da bir demiryolunun hayaliyle yaşıyorlar; Livingstone'ların, Stanley'lerin, Du Chaillu'ların ve de Brazza'ların ilerleyişini endişeyle takip ediyor ve bu yürekli gezginlerin şaşkınlık verici hikâyelerini ağızları açık dinliyorlar. "Kara kıta"da ne çok bilinmeyen mucize var! Tarlalara fildişleri ekilmiş, hindistancevizi yağıyla dolu ırmaklar altın pulları sürüklüyor, Dufaure ya da Girardin'in yüzü gibi çıplak milyonlarca kara kıç, edep adap öğrenmek için pamukluları, uygarlığın faziletlerini öğrenmek için de şnaps şişelerini ve kutsal kitapları bekliyorlar.

Fakat hepsi boşuna: oburca tıkınan burjuva, sayıca üretken sınıfı aşan ev içi hizmet sınıfı, Avrupa'dan gelen mallarla tıka basa doldurulan yabancı ve barbar uluslar... Mısır piramitlerinden daha yüksek ve devasa bir şekilde biriken ürün dağlarını elden çıkarmayı hiçbiri başaramaz: Avrupalı işçilerin üretkenliği her tüketime, her israfa meydan okuyor. Paniğe kapılan üreticiler ne yapacaklarını şaşırmış durumdalar; işçilerinin düzensiz, sapkın çalışma tutkusunu doyuracak hammadde bulamıyorlar. Yün üretilen bölgelerimizde, kirlenmiş ve yarısı çürümüş paçavraları tel tel ayırıp bunlardan *rönesans* adı verilen, seçim vaatleri kadar dayanıklı kumaşlar yapıyorlar; Lyon'da, ipek lifini kendi doğal sadeliği ve esnekliğinde bırakmaktansa, ağırlığını artırarak lifi gevrek ve daha az kullanışlı hale getiren mineral tuzlarla dolduruyorlar. Tüm ürünlerimize sürümlerini artıracak ama ömürlerini de kısaltacak hileler karıştırılıyor. Tıpkı insanlığın ilk çağlarının, üretimlerinin niteliğine göre *taş çağı* ya da *bronz çağı* ismini alması gibi, bizim çağımız da *sahtekârlık çağı* olarak adlandırılacak. Cahiller bizim dini bütün üreticilerimizi sahtekârlıkla suçluyorlar, oysa aslında onları harekete geçiren düşünce, elleri kolları bağlı yaşamaya boyun eğmeyen işçilere iş imkânı sağlamak. Tek saiki insani bir hassasiyet olan, ancak bunları yapan fabrikatörlere muazzam kazançlar sağlayan bu sahtekârlıklar, malların kalitesi bakımından tam bir felaket, insan emeği açısından da tükenmez bir israf kaynağı olsa da, burjuvaların insanseverlik marifetini olduğu kadar, çalışma ahlaksızlıklarını gidermek için sanayicileri vicdanlarının çığlığını bastırmaya ve hatta ticari dürüstlük kanunlarını ihlal etmeye zorlayan işçilerin korkunç sapkınlığını da kanıtlıyor.

Ne var ki, aşırı meta üretimine ve sanayide yapılan hilelere rağmen, piyasada "İş! İş!" diye yalvaran sayısız emekçi mevcut. Aşırı bol olmaları işçilerin tutkularını dizginlemesi gerekirken, tersine, son kertesine çıkarıyor. Bir çalışma fırsatı çıktı mı hepsi hemen üzerine atılıyor; çalışmaktan sarhoş olmak için on iki, on dört saat iş talep ediyorlar ve ertesi gün, ellerinde bu ahlaksızlıklarını besleyecek daha başka şey kalmayınca, tekrardan kaldırıma atılıyorlar. Her yıl, tüm sanayi dallarında, işsizlik mevsimler kadar düzenli bir şekilde tekrar ediyor. Organizmayı öldüren aşırı çalışmanın ardından iki ila dört aylık mutlak bir istirahat geliyor; iş kesilince aş da kesiliyor. Madem çalışma ahlaksızlığı işçilerin kalbine, şeytani bir biçimde, hiç çıkmamasına yerleşmiş; madem çalışmanın gerektirdikleri, doğadaki diğer tüm içgüdüleri bastırıyor; madem toplumun gereksinim duyduğu çalışma miktarı mecburen tüketim ve hammadde bolluğuyla sınırlı, öyleyse niçin bütün bir yılın işi altı ayda bitirilsin? Niçin on iki aya eşit oranda dağıtılamasın? Niçin her işçi altı ay boyunca on iki saatlik hazımsızlıklar yaşamaktansa günde beş ya da altı saat çalışmakla yetinmek zorunda bırakılmasın? Paylarına düşen günlük çalışma miktarından emin olan işçiler artık birbirlerini kıskanmayacak, birbirlerinin ellerinden işlerini, ağızlarından ekmeklerini almak için savaşmayacaklardır; böylece bedenen ve ruhen tükenmiş olmayacaklarından tembelliğin erdemlerini uygulamaya başlayacaklardır.

Ahlaksızlıkları yüzünden aptallaşan işçiler, herkesin çalışabilmesi için çalışmayı, tıpkı mahsur kalınan bir teknedeki su gibi, karneye bağlamak gerektiğini akıl edecek düzeye gelemediler. Gelgelelim sanayiciler kapitalist sömürü adına işgününün yasal olarak sınırlandırılmasını uzun süredir talep ediyorlardı. 1860 tarihli Mesleki Eğitim Komisyonu önünde, Alsace'ın en büyük fabrikatörlerinden Guebwiller'li Mösyö Bourcart şöyle bildiriyordu:

"On iki saatlik işgünü fazladır ve on bir saate indirilmelidir; cumartesi günleri saat ikide paydos edilmelidir. İlk bakışta masraflı gibi görünse de bu önlemin alınmasını salık verebilirim; biz bunu sanayi işletmelerimizde dört yıldır deniyoruz ve durumdan memnunuz; ortalama üretim, azalmak şöyle dursun, arttı."

Mösyö F. Passy, *makineler* üzerine incelemesinde, Belçikalı büyük bir fabrikatör olan Mösyö M. Ottavaere'in şu mektubundan alıntı yapıyor:

"Makinelerimiz İngiliz iplik fabrikalarındaki makinelerle aynı olmasına rağmen, üretmeleri gerektiği kadar, yani iplik makineleri günde iki saat daha az çalışmasına rağmen aynı makinelerin İngiltere'de ürettiği kadar üretmiyorlar. [...] Biz hepimiz *tastamam iki saat fazladan* çalışıyoruz; şuna inanıyorum ki, on üç saat yerine on bir saat çalışıyor olsaydık, aynı üretimi yapar ve sonuçta daha tasarruflu üretirdik."

Öte yandan, Mösyö Leroy-Beaulieu, "Belçikalı büyük bir fabrikatörün gözlemlediği gibi, bayram gününün denk geldiği haftalarda yapılan üretimin sıradan haftalara nazaran daha az olmadığını," doğruluyor[6].

Budalalıkları yüzünden ahlakçıların oyununa gelen halkın asla cesaret edemediğini aristokratik bir hükümet yaptı. İngiliz hükümeti, uğursuz kuşlar gibi gaklayarak, fabrikalarda mesaiyi bir saat düşürmenin İngiliz sanayisinin iflasını ilan etmek olduğunu söyleyen iktisatçıların sanayiye ve ahlaka dair görüşlerini kale bile almadan, günde on saatten fazla çalışmayı, sıkı sıkıya uyulan bir yasayla yasakladı; ve böylece daha önce olduğu gibi dünyanın bir numaralı sanayi ulusu olmaya devam etti.

İşte muhteşem İngiliz deneyimi, birkaç akıllı kapitalistin bu deneyimi, su götürmez bir biçimde kanıtlıyor ki, insanın üretkenliğini güçlendirmek için, çalışma saatlerini azaltmak, ödeme ve bayram günlerini ise artırmak gerekir; ancak Fransız halkı buna razı değil. Oysa sadece iki saatçik bir azaltma bile İngiliz üretimini[7] on yılda neredeyse üçte bir oranında artırmışsa, günlük mesaide üç saatlik yasal bir azaltma Fransız üretiminde ne kadar baş döndürücü bir ilerlemeye damga vuracaktır? İşçiler kendilerini çalışmaktan helak etmekle kendilerinin ve evlatlarının güçlerini tükettiklerini; yıprandıkça erken yaşta çalışamaz hale geleceklerini; tek bir ahlaksızlığın tüm vakitlerini alıp onları aptala çevirmesiyle insanlıktan çıkarak birer insan müsveddesine dönüştüklerini; yalnızca öfkeli çalışma çılgınlığını ayakta ve canlı tutmak uğruna içlerindeki bütün güzel yetenekleri öldürdüklerini gayet iyi biliyorlar.

Ah! İktisatçıların nutuklarını Arcadia papağanları gibi tekrarlıyorlar: "Çalışalım, milli serveti büyütmek için çalışalım." Hey, enayiler! Sizler çok çalıştığınız için endüstriyel donanımlar yavaş gelişiyor. Anırmayı kesip bir iktisatçıya kulak verin! Dahi falan değil, birkaç ay önce yitirme mutluluğuna eriştiğimiz Mösyö L. Reybaud söylüyor:

"Çalışma yöntemlerinde devrim genellikle el emeği koşullarına göre yapılır. El emeği düşük fiyata hizmet verdiği sürece israf edilir; hizmetleri pahalılaştıkça el emeğinden sakınılır."[8]

Kapitalistleri demir ve tahtadan yapılmış makinelerini mükemmel hale getirmeye zorlamak için, ücretleri yükseltmek, etten kemikten makinelerin çalışma saatlerini düşürmek gerekir. Kanıt mı istiyorsunuz? Yüzlerce kanıt bulunabilir. İplikçilikte, iplik eğirme tezgâhı (*self acting mule*) Manchester'da icat edilip kullanıldı, çünkü iplik eğiriciler eskisi kadar uzun çalışmayı reddediyordu.

Amerika'da makine, tereyağı yapımından buğday çapalamaya kadar, zirai üretimin bütün dallarını istila etti. Neden? Çünkü özgür ve tembel Amerikalı, Fransız köylüsü gibi sığırca yaşamaktansa bin kez ölmeyi tercih eder. Kas ağrılarından geçilmeyen şanlı Fransa'mızda pek bir meşakkatli olan çiftçilik, Batı Amerika'da, açık havada oturup kayıtsız bir şekilde pipomuzu tüttürürken yaptığımız hoş bir meşgaledir.

## 4. Yeni Besteye Yeni Güfte

Çalışma saatlerini azaltmakla toplumsal üretime yeni mekanik güçler kazandırılıyorsa, işçileri kendi ürünlerini tüketmeye mecbur etmekle uçsuz bucaksız bir işgücü ordusu elde edilecektir. Böylelikle evrensel tüketici görevinden kurtulan burjuvazi, tüketime ve israfa yardımcı olması amacıyla yararlı işlerden çekip aldığı asker, yargıç, gazeteci, pezevenk vb sürüsünü işten çıkarmakta gecikmeyecektir. O zaman iş piyasası coşacaktır; çalışma yasağı getirmek için bir demir yasa gerekli olacaktır: Bugüne kadar hiçbir üretkenlik göstermeyen, sayıları ağaç bitlerinden bile daha çok olan bu insan sürüsüne iş bulmak mümkün olmayacaktır. Sonra sıra, burjuvazinin gereksiz ve masraflı ihtiyaçlarıyla zevklerini karşılayanları düşünmeye gelecektir. Sırmalar takılacak uşaklar ve generaller, danteller örtülecek bekâr ya da evli fahişeler, dökülecek toplar, inşa edilecek saraylar kalmadığında, sırma, dantel, demir ve inşaat işleriyle uğraşan kadın ve erkek işçilere sağlıklarının düzelmesi ve ırkın kusursuzlaşması için ağır yasalar getirerek kürek sporunu ve koreografik egzersizleri dayatmak gerekir. Üretildiği yerde tüketilen Avrupa ürünleri dünyanın bir ucuna gönderilmediği takdirde, gemicilerin, liman çalışanları ile kamyoncuların pineklemeyi öğrenmeleri gerekecektir. Mutlu mesut yaşayan Polinezyalılar da böylelikle uygarlaşmış Venüs'ün tekmelerinden ve Avrupalı ahlakçıların can sıkıcı öğütlerinden korkmadan kendilerini özgürce aşka verebilirler.

Dahası var. Günümüz toplumunun bütün değersiz üyelerine iş bulmak ve endüstriyel donanımların sonsuza dek gelişmesini sağlamak amacıyla, işçi sınıfı, tıpkı burjuvazi gibi, perhizkâr zevklerine aykırı davranmak ve tüketici kapasitesini sonsuza dek geliştirmek zorundadır. Günde bir iki parça meşin gibi sert et yemektense, et yiyecekleri zaman yarım hatta bir kilo leziz biftek yiyeceklerdir; kötü şaraptan azar azar içmektense, Papa'dan daha Katolik olup geniş ağızlı ve derin bardaklarda, sanayide vaftiz edilmemiş Bordeaux ya da Burgonya şaraplarından içecekler, suyu da hayvanlara bırakacaklardır.

Proleterler kapitalistleri demir ocaklarında ve dökümhanelerde on saat cezalandırma fikrini kafalarına koydular. İşte bu çok büyük bir hatadır, toplumsal çatışmaların ve iç savaşların sebebidir. Çalışmayı dayatmak değil, yasaklamak gerekirdi. Rothshild'lerin, Say'lerin, hayatları boyunca beş para etmez adamın teki olduklarını kanıtladıkları kabul edilecektir; şayet çalışma konusunda genel olarak idmanlı olmalarına rağmen ahdedip beş para etmez adamın teki olarak yaşamaya devam etmek isterlerse fişleneceklerdir ve her biri her sabah ufak zevkleri için belediye dairesinden yirmi frank bahşiş alacaktır. Toplumsal anlaşmazlıklar ortadan kalkacaktır. En başta rantiyeler, kapitalistler, kötülüklerini istemek şöyle dursun, asıl amacın doğduklarından beri altında ezildikleri aşırı tüketim ve israf çalışmasından onları kurtarmak olduğuna ikna edilir edilmez halkın partisine katılacaklardır. Beş para etmez olduklarını kanıtlayamayan burjuvalara gelince, onlar da içgüdülerini takip etmeye bırakılacaktır. Onları yerleştirecek iğrenç meslekler yeterince mevcut. Dufaure umumi tuvaletleri temizler; Galliffet uyuz domuzları ve hastalıklı atları keser; Poissy'ye gönderilen af komisyonu üyeleri kesilecek sığırları ve koyunları damgalar; cenaze alaylarına bağlı senatörler cenaze levazımatçısı rolü oynar. Diğerlerine de zekâlarının el verdiği meslekler bulunur. Lorgeril ile Broglie şampanya şişelerine tıpa takarlar, ama sarhoş olmalarını önlemek için ağızlarını bağlamak gerekir; Ferry, Freycinet, Tirard bakanlıklardaki ve kamuya ait diğer konaklama tesislerindeki tahtakurularını ve haşaratı imha ederler. Ancak yerleşmiş alışkanlıklardan çekinerek halkın parasını burjuva sınıfından uzak tutmak gerekir.

Gelgelelim insan doğasını çarpıtan ahlakçılardan, yobazlardan, yalancı sofulardan, ikiyüzlülerden "ve dünyayı aldatmak için kılık değiştiren buna benzer başka insan gruplarından" uzun, sert bir intikam alınacaktır. "Çünkü bu insanlar sıradan halka sadece tefekkür ve duayla uğraşıp oruç tuttuklarını ve nefislerini köreltttiklerini, bunu da yalnızca insanlığın küçük kırılganlığını besleyip doyurmak için yaptıklarını söylerken işin bokunu çıkarıyorlar. Tanrı biliyor gerçekleri! *Et Curios simulant sed Bacchanalia vivunt*[1]. Kükürtlü kokularını sıkmasalar, kırmızı suratlarından ve koca göbeklerinden bunu kolaylıkla anlayabilirsiniz."[2]

Büyük halk şenliklerinin olduğu günlerde komünistlerle kolektivistler, burjuvaların 15 Ağustos ve 14 Temmuz'da yaptığı gibi tozu toprağı yutmak yerine, içki şişelerini devirecek, jambonları lüpletecek, maşrapaları havada uçuracaklar; Siyasi ve Ahlaki Bilimler Akademisi üyeleri; iktisadi, Katolik, Protestan, Yahudi, pozitivist ve özgür düşünceli kilisenin kısa ve uzun cüppeli papazları; Malthusçuluğun ve Hıristiyan ahlakının sarılar giyinmiş, diğerkâm, bağımsız ya da itaatkâr müritleri, parmakları yanana dek şamdan tutacaklar; Galyalı kadınlarla et, meyve ve çiçek dolu masalarda açlık içinde yaşayacak, taşan fıçıların yanında susuzluktan öleceklerdir. Yılda dört defa, mevsim değişimlerinde, bıçak taşlayıcılarının köpekleri gibi, büyük çarklara kapatılacak ve on saat boyunca boş işlere mahkûm edileceklerdir. Avukatlar ve hukukçular da aynı cezaya çarptırılacaktır.

Tembellik rejiminde, bizi her saniye öldüren zamanı öldürmek için hep gösteriler ve tiyatro oyunları sahnelenecektir; bu da tam bizim burjuva kanun koyucularımıza göre bir iştir. Panayırları ve köyleri dolaşan gruplar halinde organize olup yasama piyesleri oynayacaklardır. At binicisi çizmeli, göğüsleri kordonlar, nişanlar, Légion d'honneur haçlarıyla süslü generaller sokaklarda, meydanlarda dolanıp iyi insanları toplayacaklardır. Gambetta ile suç ortağı Cassagnac kapıda ağız kalabalığı yapacaktır. Cassagnac, yalancı pehlivan kılığında, gözlerini devirip bıyık burarak, ağzından alevli üstüpüler püskürterek, elinde babasının tabancası, herkese gözdağı verecek, kendisine Lullier'nin portresi gösterilir gösterilmez de bir deliğe girecektir. Gambetta dış politikaya, beynini yıkayan ve Türkiye'yi yanıltmak için Avrupa'yı ateşe veren Yunanistan'a dair; Prusya'yı hoşafa çevireceğine söz verip onu aptal durumuna düşüren, Doğu Avrupa'da küpünü doldurmak ve içerde nihilizme engel olmak için Batı Avrupa'da kavga çıksın isteyen büyük Rusya'ya dair; genel af konusunda fikrini dile getirmesine izin verecek kadar iyi biri olan Mösyö de Bismarck'a dair çene çalacaktır... Sonra, üç renge boyanmış koca göbeğini açıp üstüne davul gibi vurarak, tarıma teşvik etmek ve Belleville'in seçmenlerini sevindirmek üzere, mideye indirdiği lezzetli küçük hayvanları, yelve kuşlarını, yermantarlarını, kadehler dolusu içtiği Margaux ve Y'quem şaraplarını bir bir sayacaktır.

Gösteriye *Seçim Güldürüsü* ile başlanacaktır.

Odun kafalı ve eşek kulaklı seçmenlerin huzurunda, palyaço kılıklı burjuva adaylar siyasal özgürlükler dansını edecekler, yüzlerini ve kıçlarını birçok vaatler verdikleri seçim programlarıyla silecekler, gözlerinde yaşlarla halkın sefaletinden ve çınlayan bir ses tonuyla Fransa'nın şanından bahsedecekler; seçmenler de koro halinde güçlü bir şekilde anırıp baş sallayacaklar: Ai, ai, ai!

Ardından büyük piyes başlayacaktır: *Ulusun Mallarının Çalınması.*

Suratında tüyler çıkmış, saçları dökülmüş, bitkin, eti pörsümüş, şişkin, solgun, gözleri donuk, uykulu uykulu esneyen iri dişi, yani kapitalist Fransa, kadife bir kanepeye uzanır; maymun maskesiyle ayaklarının dibinde duran, demirden yapılmış dev organizma, yani Sanayi Kapitalizmi, iç karartıcı ve yürek parçalayıcı çığlıkları havada yankılanan erkek, kadın ve çocukları mekanik bir şekilde parçalayıp yutar; sansar burunlu, sırtlan gövdeli, kartal pençeli Banka, cebindeki birkaç yüzlüğü hızlıca aşırmakla meşgul. Bir deri bir kemik kalmış, üstü başı per perişan sefil proletarya güruhu, elinde kılıç jandarma eşliğinde, onları açlığın kırbacıyla döven öfkenin sürüklemesiyle, mal yığınlarını, büyük şarap fıçılarını, altın ve buğday çuvallarını kapitalist Fransa'nın ayaklarının altına serer. Bir eliyle kısa pantolonunu, diğer eliyle Proudhon'un vasiyetini, dişlerinin arasında da bütçe defterini tutan Langlois ulusun mallarını koruyanların başına geçip nöbet tutar. Yükler indirildikten sonra işçiler dipçik ve süngü darbeleriyle kovulur, kapılar sanayicilere, tüccarlara, bankacılara açılır. Hengâme içinde yığının üzerine hücum ederek pamukluları, buğday çuvallarını, altın külçelerini yiyip yutarken, bir yandan da büyük fıçıları boşaltırlar; dibine darı ekince de iğrenç ve mide bulandırıcı bir halde kendi çöplerine ve kusmuklarına gömülürler... O vakit gök gürler, yer sarsılıp yarılır ve Tarihsel Yazgı belirir; hıçkıranların, sendeleyenlerin, düşenlerin ve artık kaçacak yeri kalmayanların kafasını demir ayağıyla ezer; şaşkına dönen ve ecel terleri döken kapitalist Fransa'yı kocaman eliyle yere çalar.

Şayet işçi sınıfı, kendisine hükmeden ve doğasını alçaltan ahlaksızlığı yüreğinden söküp atarsa, müthiş gücüyle ayağa kalkarsa, bunu da kapitalist sömürü haklarından ibaret olan *İnsan Hakları*'nı ya da sefillik haklarından ibaret olan *Çalışma Hakkı*'nı talep etmek için değil, tüm insanlara günde üç saatten fazla çalışmayı yasaklayan tunçtan bir yasa çıkarmak için yaparsa, dünya, yaşlı dünya, neşeden titreyerek, içinde yeni bir evrenin sıçrayışını hisseder... Fakat kapitalist ahlakın yozlaştırdığı bir proleterden böyle mertçe bir kararlılık göstermesi nasıl istenebilir?

İlkçağlardaki köleliğin hazin bir simgesi olan İsa gibi, Proletarya'nın erkek, kadın ve çocukları da çarmıhın dikildiği, acının merhametsiz tepesine bir asırdır güçlükle tırmanıyor: Bir asırdır maruz kaldıkları zorunlu çalışma, kemiklerini kırıyor, etlerini çürütüyor, sinirlerini gererek işkence ediyor; bir asırdır açlık bağırsaklarını buruyor, beyinlerinde sanrılar meydana getiriyor! Ey Tembellik, uzun süren sefaletimize acı! Ey Tembellik, sanatların ve asil erdemlerin anası, insanlığın kaygılarına merhem ol!

# Ek

Ahlakçılarımız çok mütevazı insanlardır; çalışma dogmasını icat etmiş olsalar da, bunun ruhu sakinleştirme, zihni rahatlatma, böbreklerin ve diğer organların düzgün işlemesini sağlama etkisinden şüphe ederler. Çalışmayı, günahlarını bağışlamak ve işlemelerine müsaade etmekle görevli oldukları kapitalistlerin aleyhine döndürmeden önce, halk üzerinde, *in anima vili** denemek isterler.

Peki ya düzinesi üç kuruş etmeyen filozoflar, siz neden efendilerinize uygulamalarını önermeye cesaret edemediğiniz bir ahlakı uydurmak için bu kadar kafa patlatıyorsunuz? Yoksa o gurur duyduğunuz çalışma dogmanızın suçlandığını, onunla alay edildiğini görmek mi istiyorsunuz? Gelin antikçağ

* Lat. Değersiz bir varlık üzerinde (hayvanlar üzerinde yapılan deneyler kastedilir). (ç.n.)

halklarının tarihine, filozoflarının ve kanun koyucularının yazdıklarına bir bakalım.

"Yunanlıların emeğe karşı duydukları küçümsemeyi Mısırlılardan alıp almadıkları hakkında bir şey söyleyemem," diyor Tarihin babası Herodotos, "çünkü aynı küçümsemenin Trakyalılar, İskitler, Persler, Lidyalılar arasında da olduğunu görüyorum; kısaca, barbarların çoğuna göre, mekanik sanatları öğrenenler, hatta onların çocukları yurttaş sıralamasında en sonda yer alır... Bütün Yunanlılar, özellikle de Spartalılar, bu prensiplerle yetiştirilmiştir."[1]

"Atina'da yurttaşlar, tıpkı vahşi savaşçı ataları gibi, yalnızca toplumun savunması ve idaresiyle ilgilenen gerçek asillerden oluşuyordu. Bu nedenle, zihinsel ve fiziksel güçleriyle cumhuriyetin çıkarlarına göz kulak olabilmek için tüm zamanlarının boş olması gerektiğinden, bütün işleri kölelere havale ederlerdi. Aynı şekilde Sparta'da kadınlar bile asaletlerine leke sürülmemesi için ne yün eğirir ne de örgü örerlerdi."[2]

Romalılar yalnızca iki mesleği asil ve özgür bilirdi: tarım ve askerlik. Bütün yurttaşlar, yaşamlarını sürdürebilmek için, hukuken kölelere ait olan *sordidæ artes** (meslekleri böyle tanımlıyorlardı) yapmak zorunda kalmadan yasal olarak devlet hazinesinin kay-

* Lat. Kirli zanaat. (ç.n.)

naklarından geçinirlerdi. Yaşlı Brutus, halkı ayaklandırmak için, zorba Tarquin'i özellikle, özgür yurttaşları zanaatkâr ve duvarcı yapmakla suçlamıştı[3].

Antikçağ filozofları idelerin kökeni konusunda ayrı düşüyorlardı belki ama iş çalışmaktan tiksinmeye gelince hepsi hemfikirdi.

"Doğa," diyor Platon toplumsal ütopyası olan kendi Cumhuriyet modelinde, "ne kunduracı yaratır ne de demirci; bu tür uğraşlar onları yapanları alçaltır. Bunlar durumları icabı siyasi hakları bile ellerinden alınmış isimsiz sefiller, parayla iş gören aşağılık insanlardır. Yalan söylemeye ve aldatmaya alışmış tüccarlara gelince, onlara şehirde yalnızca zorunlu bir kötülük olarak katlanılacaktır. Dükkân ticaretiyle kendini küçük düşürecek olan yurttaş, bu suçu yüzünden izlemeye alınacaktır. Suçlu bulunursa bir yıl hapis cezasına çarptırılacak, suçun tekrarlanması halinde ise cezası ikiye katlanacaktır."[4]

Ksenophon *Oikonomikos* adlı eserinde şöyle yazıyor:

"El işleriyle uğraşan insanlar asla resmi görevlere yükselemezler; bunun da haklı bir sebebi vardır. Kahir ekseriyeti bütün gün oturmak zorunda kalan, hatta kimisi de sürekli ateşe maruz kalan bu kişilerin bedenlerinde muhakkak bir bozulma yaşanır ve zihinlerinin bu bozulmadan etkilenmemesi mümkün değildir."

"Bir dükkândan saygı duyulacak ne çıkabilir?" diye soruyor Cicero. "Ticaret hilesiz ne üretebilir? Dükkân denen şey dürüst bir insana yakışmaz [...], tüccarlar yalan söylemedikçe kazanamaz, yalandan daha utanç verici ne olabilir! Öyleyse, becerisini ve gayretini satan herkesin mesleğine bayağı ve aşağılık bir şey gözüyle bakılmalıdır; zira her kim emeğini para karşılığında sunuyorsa, kendini satıyor ve kölelerin seviyesinde yer alıyordur."[5]

Çalışma dogmasıyla aptallaşan proleterler, kıskanç bir titizlikle sizden saklanan bu filozofları can kulağıyla dinleyin: Emeğini para karşılığında sunan bir yurttaş, kölelerin seviyesine düşer ve uzun yıllar ceza çekmesini gerektiren bir suç işler.

Hıristiyanların riyakârlığı ve kapitalizmin faydacılığı bu antikçağ cumhuriyetlerinin filozoflarını yoldan çıkarmamıştı; özgür insanlara hitap ederken fikirlerini açık yüreklilikle dile getirirlerdi. Bizim Cousin'lerimizin, Caro'larımızın, Simon'larımızın, ayaklarının ucunda yükselseler bile ancak topuklarına erişebilecekleri Platon, Aristoteles gibi büyük düşünürler, ideal cumhuriyetlerindeki yurttaşların geniş bir boş zaman içerisinde yaşamasını istiyordu. "Çünkü," diye ekliyordu Ksenophon, "çalışma bütün zamanı alır götürür, çalışma varken ne cumhuriyete ne de arkadaşlara ayıracak boş vakit kalır."

Plutarkhos'a göre Likurgus'un "insanların en bilgesi" sıfatıyla gelecek kuşakların hayranlığını kazanması, herhangi bir mesleği icra etmelerini yasaklayarak cumhuriyetin yurttaşlarına boş zaman imkânı sağlamasından kaynaklanıyordu[6].

Ne var ki Bastiat'lar, Dupanloup'lar, Beaulieu'ler ile Hıristiyan ve kapitalist ahlak kumpanyası şöyle karşılık verecektir: "Bu filozoflar köleliği övüyordu." Kuşkusuz doğru, ancak dönemin iktisadi ve siyasi koşulları göz önüne alındığında, başka ne yapabilirlerdi ki? Savaş antikçağ toplumlarının olağan haliydi; özgür insan, zamanını devlet meselelerini tartışmaya ve ülke savunmasına sahip çıkmaya ayırmalıydı; o dönemde meslekler öyle ilkel ve öyle kabaydı ki, insanlar mesleklerini icra ederken askerlik ve yurttaşlık görevlerini yerine getiremezdi; savaşçıları ve yurttaşları elde tutabilmek için filozofların ve kanun koyucuların destan yazılacak cumhuriyetlerde kölelere göz yummaları gerekiyordu. Peki kapitalizmin ahlakçıları ve iktisatçıları da modern kölelik olan ücretli işçiliğe göz yummuyorlar mı? Ya da kapitalist kölelik kimlere boş zaman imkânı sağlıyor? Kendi günahlarının ve evdeki hizmetlilerinin kölesi olan fuzuli ve zararlı Rothschild'lere, Schneider'lere, Madam Boucicaut'lara.

"Köleliğe ilişkin önyargı Pythagoras ve Aristoteles'in zihnine nüfuz etmişti," diye yazıyorlar hor görerek; oysa Aristoteles şöyle öngörüyordu: "Tıpkı Daidalus'un başyapıtlarının kendi kendine hareket etmesi ya da Vulcanus'un sacayaklarının kutsal işine kendiliğinden koyulması gibi, eğer her araç kendi işlevini hiç uyarısız ya da kendi kendine yerine getirebilseydi, örneğin dokumacıların mekikleri kendiliğinden dokuma yapabilseydi, atölye şefinin yardımcılara, efendinin de kölelere ihtiyacı kalmazdı."

Aristoteles'in hayali bizim gerçeğimizdir. Nefesi ateşten, uzuvları ise çelikten, yorulmaz, fevkalade verimli, bitip tükenmez makinelerimiz, kutsal görevlerini kendi kendilerine usluca yerine getiriyorlar. Bununla birlikte, kapitalizmin büyük filozoflarının dehası, köleliklerin en kötüsü olan ücretli işçiliğe dair önyargının hâkimiyeti altında. Makinenin insanlığın kurtarıcısı, insanı *sordidœ artes*'ten ve ücretli işçilikten kurtaracak Tanrı, ona özgürlük ve boş zaman verecek Tanrı olduğunu hâlâ anlamıyorlar.

# Notlar

## Önsöz

1. Descartes, *Les Passions de l'âme.*

2. Doktor Beddoe, *Memoirs of the Anthropological Society*; Charles Darwin, *Descent of Man.*

## 1. Yıkıcı Bir Dogma

1. Avrupalı kâşifler, Pæppig'in "medeniyetin zehirli nefesi" diye adlandırdığı şeyle kirlenmemiş olan ilkel toplulukların fiziksel güzelliği ve onurlu tavırları karşısında şaşırıp kalıyor. Lord George Campbell, Pasifik Adaları'nın yerli halklarından bahsederken şöyle diyor: "Dünyada ilk bakışta insanı bu kadar etkileyen başka bir halk yoktur. Bakıra çalan pürüzsüz tenleri, kıvırcık sırma saçları, güzel ve neşeli çehreleri, kısacası bütün kişilikleri, insan türünün yeni ve göz kamaştırıcı bir örneğini teş-

kil ediyordu; fiziksel görünümleri de bizimkinden üstün bir ırk izlenimi veriyordu." Eski Roma'nın uygar insanları, Sezar'lar, Tacitus'lar da Roma İmparatorluğu'nu işgal eden komünist kabilelerdeki Germenleri aynı hayranlıkla seyrediyorlardı. Tacitus gibi, 5. yüzyılda yaşamış, *Piskoposların Piri* lakaplı rahip Salvianus da medeni insanlara ve Hıristiyanlara barbarları örnek veriyordu: "Bizden çok daha iffetli olan barbarların yanında bizler edepsiz kalıyoruz. Üstelik barbarlar bizim edepsizliğimizden rencide oluyor; Gotlar aralarında kendi milletlerinden sefahat düşkünü insanlar bulunmasına tahammül edemiyorlar; aralarında sadece Romalıların, o da şanları ve milliyetlerinin verdiği hazin ayrıcalıktan dolayı, iffetsiz olmaya hakkı var. [O zamanlar oğlancılık paganlar ve Hıristiyanlar arasında çok revaçtaydı...] Mazlumlar alıp başlarını barbarların yanına giderler insanlık ve bir sığınak aramaya. (*De Gubernatione Dei*) Kocamış Hıristiyanlık ve modern kapitalist uygarlık yeni dünyanın yabanlarını nasıl yozlaştırdıysa, kocamış uygarlık ve yeni doğan Hıristiyanlık da eski dünyanın barbarlarını yozlaştırdı.

İnsanseverlik ve Hıristiyanlık üzerine nutuklarla malûl sosyolojik bulgularını reddetsek de, gözlem yeteneğini takdir etmemiz gereken Mösyö F. Le Play, *Les Ouvriers européens* (Avrupalı Emekçiler, 1885) adlı yapıtında şöyle diyor: "Başkurtların tembellik eğilimi [Başkurtlar Ural Dağları'nın Asya yamaçlarında yaşayan yarı göçebe çobanlardır], göçebe hayatın boş zamanları, bunların en kabiliyetli bireylerde doğurduğu tefekkür alışkanlıkları, bütün bunlar onlara daha gelişmiş bir uygarlıkta aynı toplumsal düzeyde ender rastlanan seçkin bir davranış tarzı, ince bir zekâ ve muhakeme yeteneği sağlar... En tiksindikleri şey de tarım faaliyetleridir; tarımcılığı kabul etmektense her şeyi yapmaya razıdırlar." Gerçekten de tarım insanlık tarihinde kölece çalışmanın ilk tezahürüdür. Kitabı Mukaddes geleneğine göre, ilk cani olan Kabil de bir çiftçidir.

2. Bir İspanyol atasözü der ki: *Descansar es salud* (İstirahat sıhhattir).

3. "Ey Meliboeus, bir Tanrı bağışladı bize bu istirahati." Vergilius, *Sığırtmaç Türküleri.*

4. Matta İncili, 6 : 28-29.

**2. Çalışmanın Kutsallaştırılması**

1. 1857 yılında Brüksel'de toplanan Birinci Hayır İşleri Kongresi'nde, Lille yakınlarında bulunan Marquette'in en varlıklı fabrikatörlerinden biri olan Mösyö Schives, kongre üyelerinin alkışları arasında, yerine getirilen bir görevin verdiği en soylu tatmin duygusuyla şöyle diyordu: "Çocuklar için birtakım

eğlence olanakları getirdik. Onlara çalışma sırasında şarkı söylemeyi, çalışırken sayı saymayı öğretiyoruz: Bu onları oyalar ve *geçimlerini sağlamak için gereken on iki saatlik çalışma*yı cesurca kabul etmelerini sağlar."

On iki saatlik çalışma, hem de ne çalışma! Henüz on iki yaşını doldurmamış çocuklara dayatılıyor! Materyalistler, bu Hıristiyanları, insanseverleri, çocuk cellatlarını mıhlayacak bir cehennem olmadığı için daima pişmanlık duyacaklar.

2. Konuşma Mayıs 1863'te Paris'teki Uluslararası Toplumsal İktisat Üzerine Uygulamalı İncelemeler Cemiyeti'nde yapıldı ve aynı dönemde *L'Économiste français*'de yayımlandı.

3. L.-R. Villermé, *Tableau de l'état physique et moral des ouvriers dans les fabriques de coton, de laine et de soie* [İpek, Yün ve Pamuk Fabrikalarında İşçilerin Ahlaki ve Fiziki Durumlarının Tablosu], 1840. Dollfus'lerin, Kœchlin'lerin ve Alsace'lı diğer fabrikatörlerin işçilerine böyle davranmalarının sebebi cumhuriyetçi, vatansever ve insansever Protestanlar olmaları değildir; nitekim Akademi üyesi Blanqui, Jérôme Paturot'nun prototipi Reybaud ve politikacı Jacques Usta Jules Simon, işçi sınıfına yönelik aynı cana yakınlığı Lille ve Lyon'un pek Katolik ve pek monarşi yanlısı fabrikalarında da gözlemlemişlerdir. Bunlar

tüm siyasi ve dini inançları memnun edecek şekilde uyum gösteren kapitalist erdemlerdir.

4. Brezilya'nın savaşçı kabilelerindeki yerliler, içlerinden sakat ve yaşlı olanları öldürürler; artık savaş, şölen ve danslarla zevk alınamayan bir hayata son vererek dostluklarını gösterirler. Bütün ilkel halklar, yakınlarına bu tarz sevgi gösterilerinde bulunmuşlardır: Hazar Denizi'nde Massagetler (Herodotos), yanı sıra Almanya'da Wenler ve Galya'da Keltler. İsveç kiliselerinde, anne babaları yaşlılığın getirdiği üzüntülerden kurtarmaya yarayan *aile topuzları* daha düne kadar saklanıyordu. Çağımızın proletaryası ise fabrikada çalışmanın korkunç sefaletini sineye çekecek kadar yozlaşmıştır.

5. 21 Ocak 1879'da Berlin'de düzenlenen Sanayi Kongresi'nde, son kriz sırasında Almanya'nın demir sanayisinin uğradığı zararın 568 milyon frank olduğu tahmin ediliyordu.

6. Mösyö Clemenceau'nun *La Justice* gazetesi 6 Nisan 1880'de mali bölümünde şöyle diyordu: "1870 savaşında kaybedilen milyarların Prusya olmasaydı da Fransa açısından yine *aynı ölçüde kayıp* olacağı ve bunun da yabancı ülkelerin bütçelerini dengelemek için düzenli aralıklarla verilen borçlar şeklinde olacağı görüşünün destek bulduğunu duyduk; bizim de görüşümüz bu yöndedir." Güney Amerika

Cumhuriyetleri'ne verilen borçlarda İngiliz sermayesinin kaybının beş milyar olduğu tahmin ediliyor. Fransız emekçiler sadece Mösyö Bismarck'a ödenen beş milyarı üretmekle kalmayıp, aynı zamanda Ollivier'lere, Girardin'lere, Bazaine'lere, savaş ve bozguna yol açan diğer hisse senedi sahiplerine ödenecek savaş tazminatı faizlerine hizmet etmeye devam etmektedir. Ama yine de şu noktada teselli bulabilirler: Bu milyarlar zararların tazmini için yeni bir savaşa meydan vermeyecektir.

**3. Aşırı Üretimin Getirdikleri**

1. Eski Rejim'de Kilise yasaları işçiye 90 gün (52 pazar ve 38 bayram günü) dinlenmeyi garanti ediyordu. Bu süre zarfında çalışmak kesinlikle yasaktı. Katolik inancına göre bu büyük suçtu, sanayi ve ticaret burjuvazisinin dinsizliğinin başlıca nedeniydi. Devrim zamanı, burjuvazi hâkim olduğunda bayram günlerini kaldırdı ve yedi günlük haftayı on güne çıkardı. İşçileri Kilise'nin boyunduruğundan kurtararak çalışmanın boyunduruğu altına aldı.

15. ve 16. yüzyıllar arasında, modern sanayi ve ticaret burjuvazisi şekillenince, bayram günlerine yönelik bir nefret duygusu gelişti. IV. Henri Papa'dan bayram günlerinin azaltılmasını talep etti; ancak "günümüzde görülen sapkınlardan biri bayramlarla

ilgili olduğundan" (Ossat Kardinali'nin mektubu) Papa bunu reddetti. Fakat 1666'da Paris Başpiskoposu Péréfixe kendi bölgesinde on yedi bayramı kaldırdı. Burjuvazinin sınai ve ticari ihtiyaçlarına uyarlanmış olan Hıristiyan dini Protestanlık, halkın dinlenmesini çok fazla umursamıyordu; bayramlarını ortadan kaldırmak uğruna cennetteki azizleri tahttan indirmişti.

İkiyüzlü ve açgözlü burjuvazi, dinde reform ve felsefede özgür düşünce bahanesiyle, halkın bayram günlerini bir çırpıda ortadan kaldırdı.

2. Bu devasa şölenler haftalarca sürerdi. Don Rodrigo de Lara, eski Calatrava'yı Mağriplilerden temizlerken kendine de gelin aldı. *Romancero* bu hikâyeyi şöyle anlatır:

*Las bodas fueron en Burgos,*
*Las tornabodas en Salas:*
*En bodas y tornabodas*
*Pasaron siete semanas.*
*Tantas vienen de las gentes,*
*Que no caben por las plazas...*

(Düğün Burgos'taydı, düğün dönüşü Salas'ta; düğün ve düğün dönüşü derken yedi hafta geçti; o kadar çok insan geldi ki meydanlara sığmadılar...)

Bu yedi hafta süren düğünün erkekleri bağımsızlık savaşlarının kahraman askerleriydi.

3. Karl Marx, *Kapital,* Birinci Kitap, XV. Bölüm, § 6.

4. Bir ülkede varlıklı sınıfların emrinde ev içi hizmetkâr olarak çalıştırılan nüfusun oranı, o ülkenin milli servet ve uygarlık bakımından ne kadar ilerlediğini gösterir." (R.M. Martin, *Ireland before and after the Union,* 1818.) Café Procope'un yoksul avukatı olmayı bıraktığından beri toplumsal sorunun varlığını inkâr eden Gambetta, yeni toplumsal tabakaların yükselmesini dilerken, şüphesiz, durmadan büyüyen bu ev içi hizmet sınıfından söz etmek istiyordu.

5. İki örnek: İngiliz hükümeti, belirli aralıklarla ülkeyi kırıp geçiren açlık dönemlerine rağmen, pirinç ya da buğday yerine haşhaş ekmekte direten Hint ülkelerinin gönlünü hoş tutmak için, Çin hükümetine Hint afyonunun ülkeye serbest girişini zorla kabul ettirmek amacıyla kanlı savaşlara girişmek zorunda kaldı. Polinezya'nın vahşileri, İskoçya'daki içki fabrikaları ile Manchester'daki dokuma fabrikalarının ürünlerini tüketmek için, sonucunda ortaya çıkan ölüm oranlarına rağmen, İngilizler gibi giyinmeye ve demlenmeye devam ettiler.

6. Paul Leroy-Beaulieu, *La Question ouvrière au XIXe siècle,* 1872.

7. Londra İstatistik Bürosu'ndan ünlü istatistikçi R. Giffen'e göre, İngiltere'nin ve İrlanda'nın milli servetlerindeki artış şöyledir: 1814'te 55 milyar franktı; 1865'te 162,5 milyar franktı; 1875'te 212,5 milyar franktı.

8. Louis Reybaud, *Le Coton, son régime, ses problèmes,* 1863.

**4. Yeni Besteye Yeni Güfte**

1. "Curiuslara öykünüp *Bacchanalia*'lar gibi yaşıyorlar." (Iuvenalis)

2. *Pantagruel,* İkinci Kitap, LXXIV. Bölüm

**Ek**

1. Herodotos, cilt II, çev. Larcher, 1876.

2. Biot, *De l'abolition de l'esclavage ancien en Occident,* 1840.

3. Titus Livius, Birinci Kitap.

4. Platon, *Devlet,* Beşinci Kitap.

5. Cicero, *Yükümlülükler Üzerine,* I, XLII. Bölüm.

6. Platon, *Devlet,* Beşinci Kitap ve *Yasalar,* Üçüncü Kitap; Aristoteles, *Politika,* İkinci ve Yedinci Kitap; Ksenophon, *Oikonomikos,* Dördüncü ve Altıncı Kitap; Plutarkhos, *Likurgus'un Yaşamı.*